NUMBER BONDS WORKSHEET

eduspot

We produce world class achievers

I0506746

Number bonds worksheet is a book to support your child's mathematical development, especially during homeschooling!

We are giving in to your hands a series of books include educational activity materials with selected and accessible mathematical tasks for young science enthusiasts.

So let's start with learning number bonds, dividing and multiplying large numbers. The book uses these prompts to expand into useful and appropriate math experiences and help prepare for math olympiad.

In the Number bonds worksheet, you will discover:

- number bonds

- dividing and multiplying a large number

- 200+ various math operations

This combination of math activities gives the book a particularly interesting and stimulating approach and makes the book usable for any teacher.

© Copyright by eduspot

Complete the number bonds.

73 — 56, ___

46 — ___, 32

___ — 11, 9

___ — 6, 6

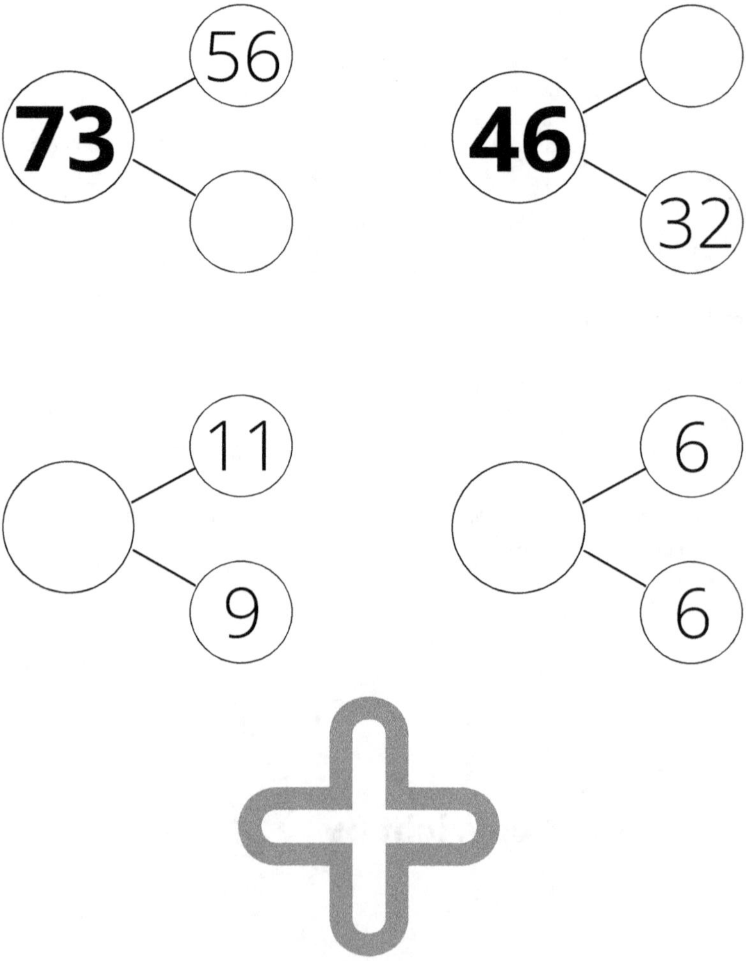

Fill in the missing number bonds.

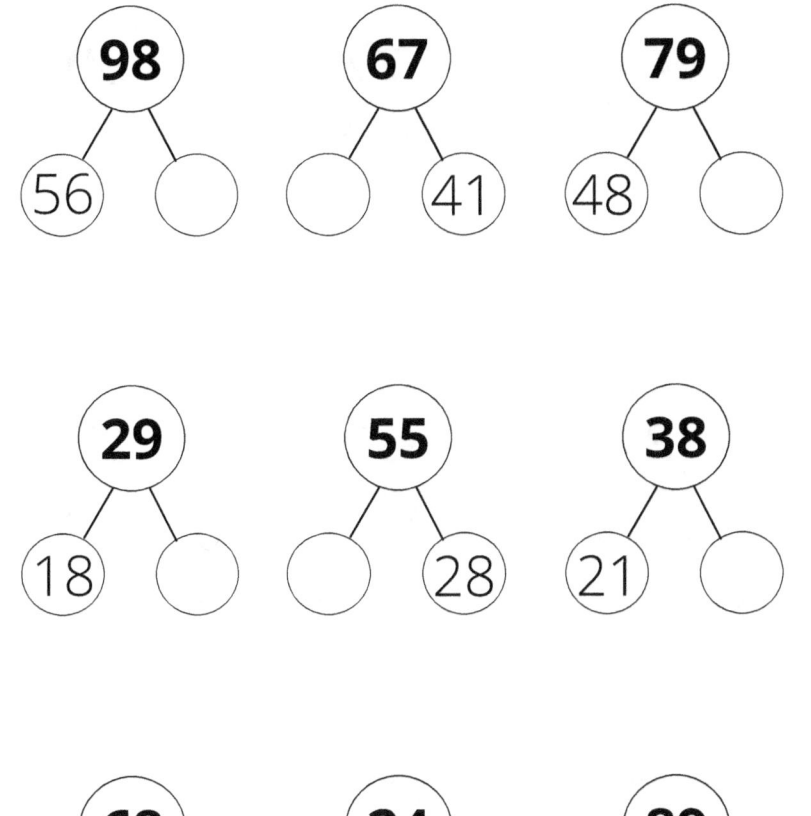

Complete the part whole model.

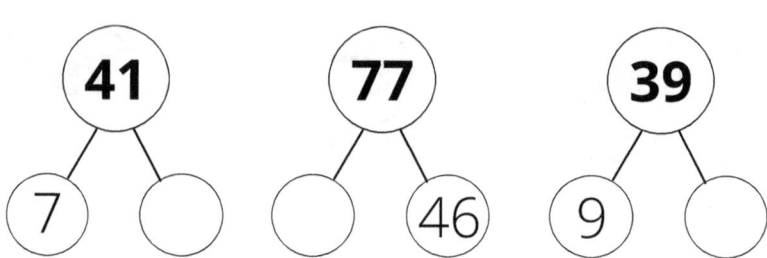

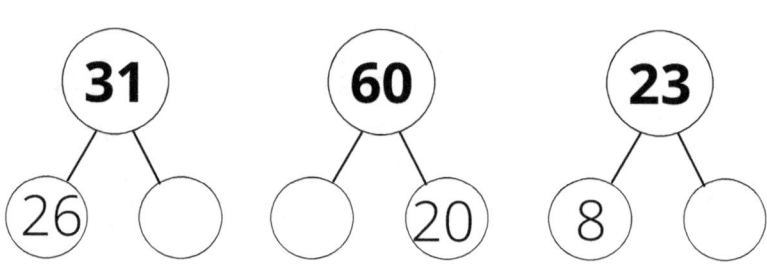

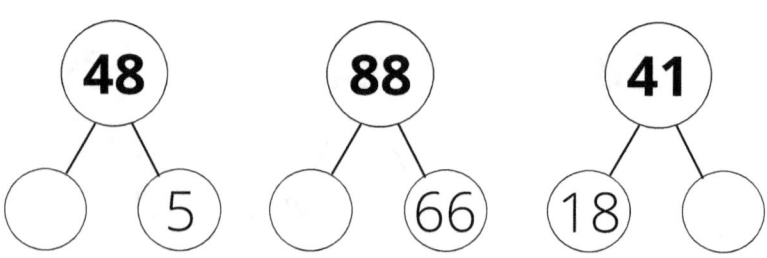

Complete the math trees.

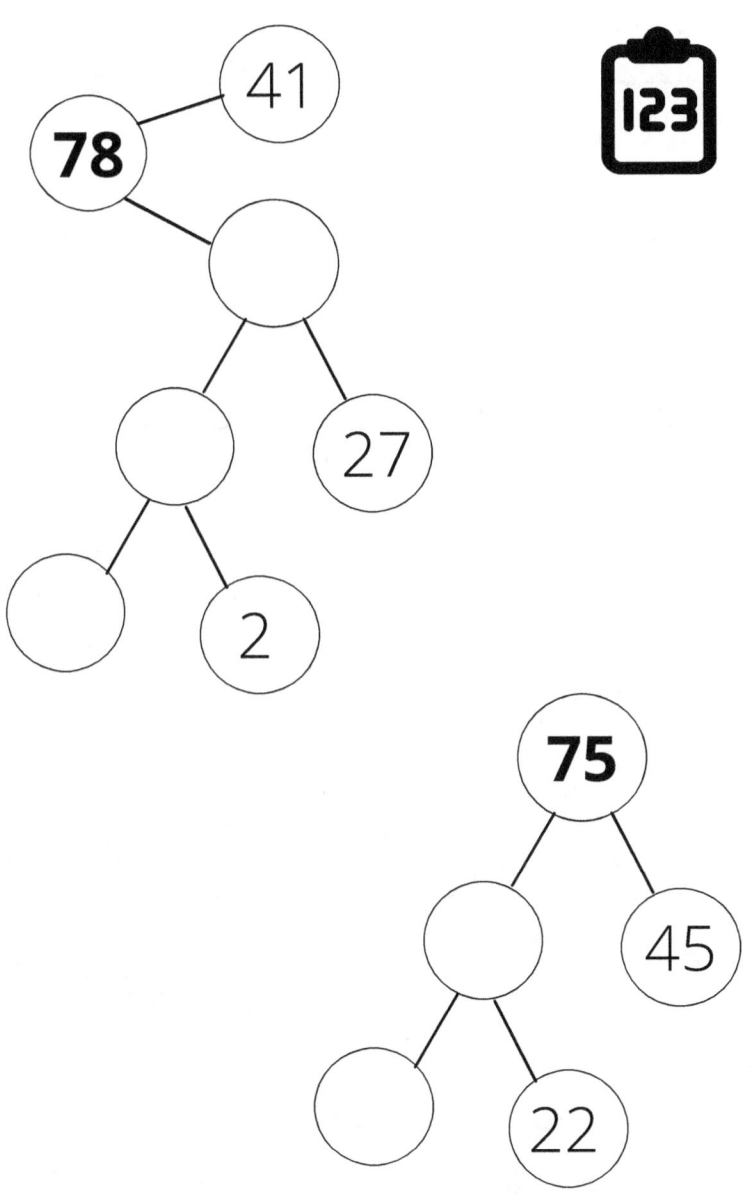

Number bonds: addition.

22 + 8 = ☐

9 + 9 = ☐

☐ = 6 + 34

☐ = 9 + 4

☐ = 18 + 6

8 + 51 = ☐

☐ = 7 + 31

☐ = 20 + 40

SCORE: ✓ = _____ /8p.

Addition.

1 + 19 =

33 + 10 =

8 + 8 =

8 + 34 =

7 + 9 =

14 + 4 =

8 + 6 =

17 + 3 =

18 + 7 =

3 + 9 =

6 + 9 =

14 + 13 =

4 + 64 =

9 + 7 =

SCORE: 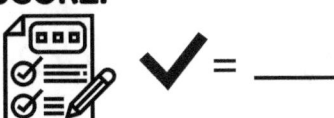 ✓ = _____ /14p.

Addition.

5 + 6 + 9 + 1 =

1 + 4 + 2 + 23 =

2 + 6 + 44 + 1 =

3 + 14 + 1 + 1 =

56 + 5 + 2 =

4 + 9 + 5 + 2 =

4 + 13 + 1 + 1 =

2 + 2 + 14 =

7 + 5 + 1 + 3 =

SCORE: ✓ = _____ /9p.

Addition & Subtraction.

6 + 7 + 4 - 5 =

32 - 2 + 6 + 3 =

9 + 8 - 2 + 25 =

3 + 6 - 4 - 8 =

2 - 1 + 9 + 5 =

7 - 2 - 3 + 19 =

18 + 3 - 5 + 9 =

5 - 5 + 2 + 22 =

31 + 8 - 1 - 9 =

SCORE:

 ✔ = ____ /9p.

Number bonds.

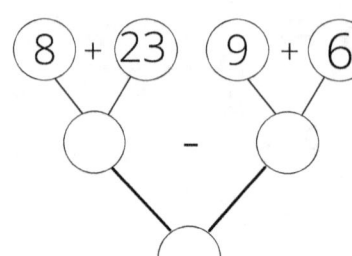
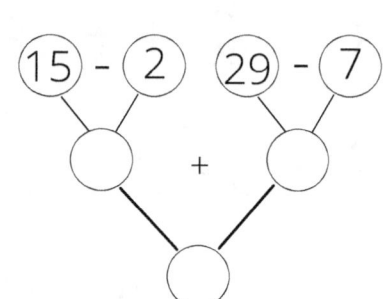

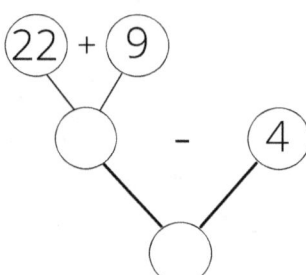
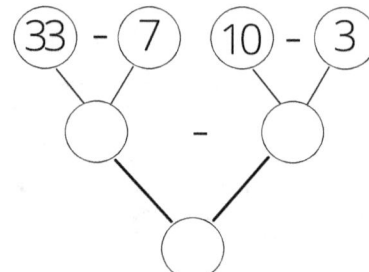

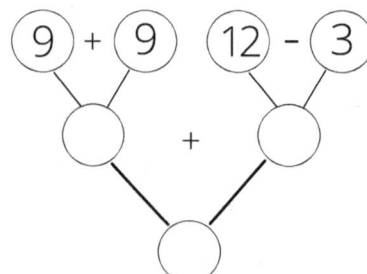
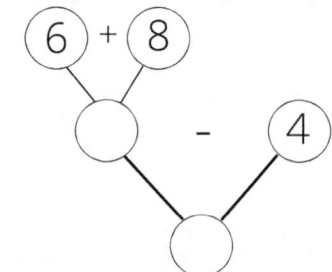

SCORE:  ✓ = _____ /6p.

Number bonds.

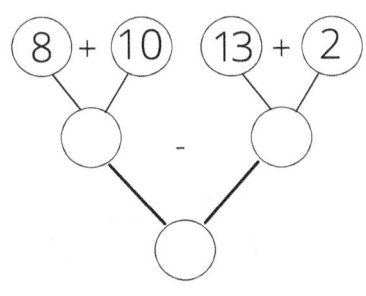
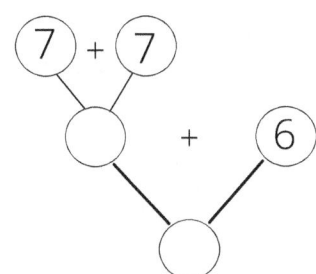

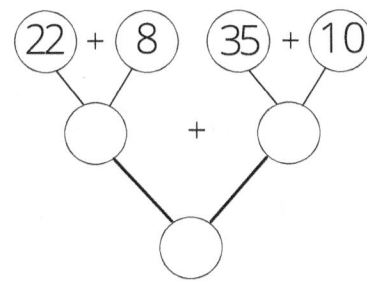
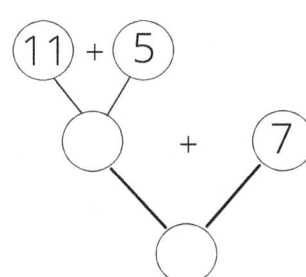

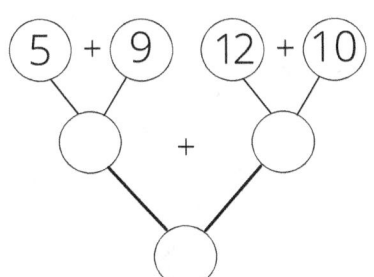
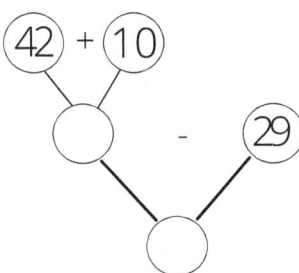

SCORE:
 ✔ = _____ /6p.

Number bonds.

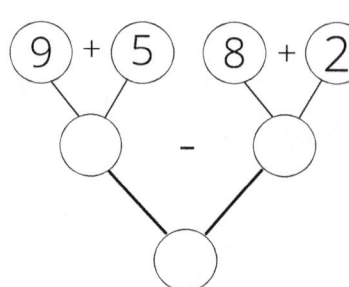
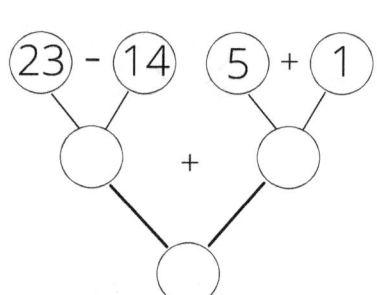

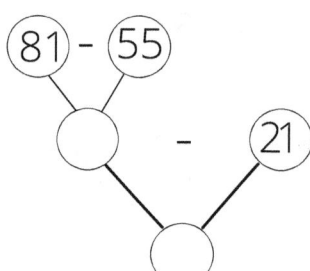
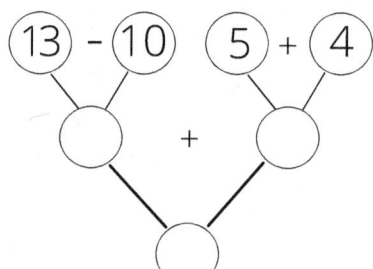

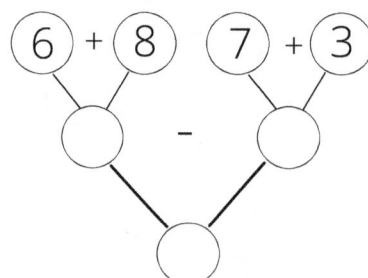
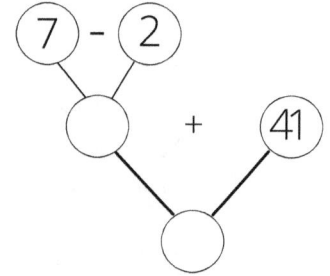

SCORE:  ✓ = _____ /6p.

Complete the math trees.

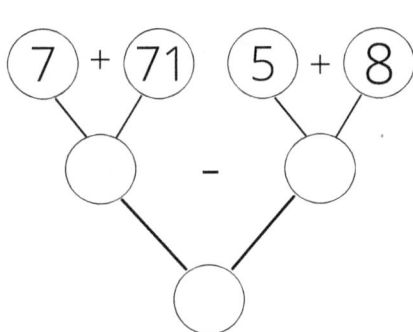
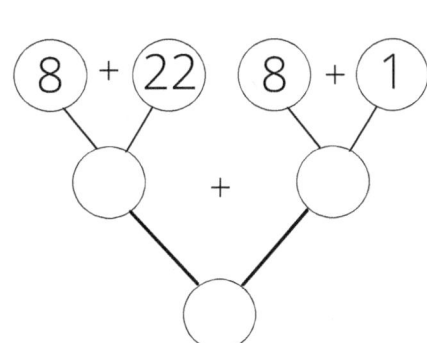
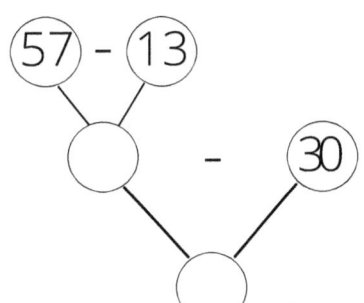
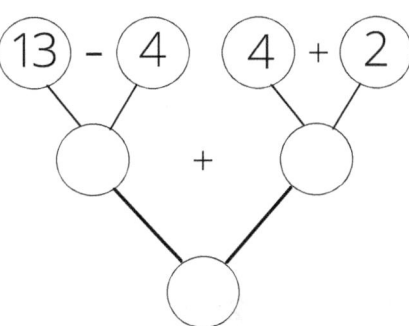
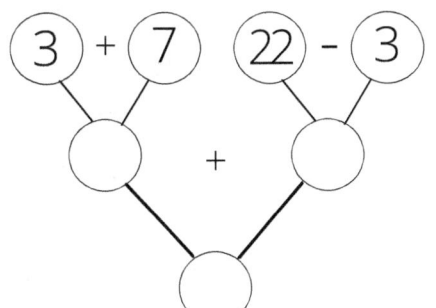
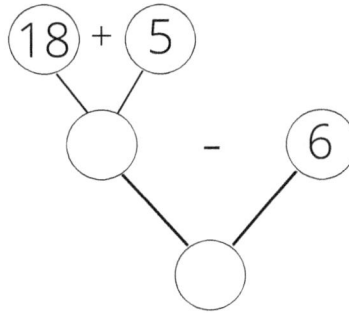

Build your own number bond.

1. 44 + 19 = _____

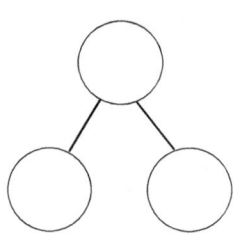

2. 66 + 34 = _____

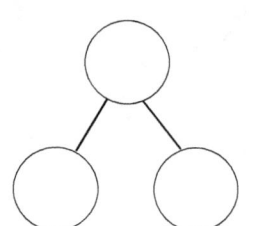

3. 33 + 29 = _____

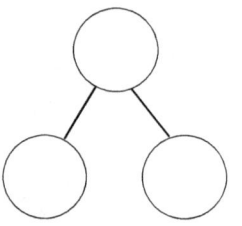

4. 28 + 32 = _____

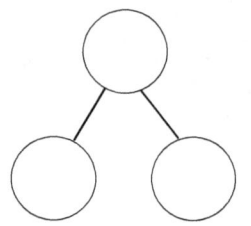

5. 68 + 26 = _____

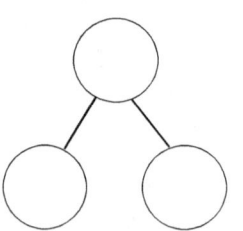

6. 41 + 9 = _____

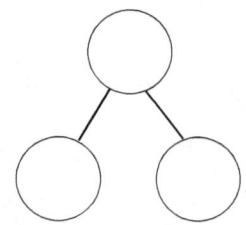

Complete the math sentences: addition.

7 + ___ = 29

8 + ___ = 45

34 + ___ = 82   12 + ___ = 33

6 + ___ = 56   48 + ___ = 69

14 + ___ = 62   32 + ___ = 71

21 + ___ = 24   9 + ___ = 51

11 + ___ = 41   22 + ___ = 43

SCORE:

Complete the math sentences: subtraction

51 - ___ = 12

89 - ___ = 12

100 - ___ = 81   36 - ___ = 15

90 - ___ = 50   24 - ___ = 8

66 - ___ = 41   55 - ___ = 25

81 - ___ = 66   46 - ___ = 40

16 - ___ = 6   95 - ___ = 76

SCORE:
 ✓ = ___/12p.

Do the following calculations.

11 + 2 + 2 - 3 =

2 + 10 + 4 + 3 =

16 - 2 + 3 - 2 =

2 + 12 - 2 + 2 =

4 - 2 + 3 + 12 =

11 - 5 - 3 + 14 =

12 + 3 + 5 - 7 =

19 - 3 - 5 + 1 =

SCORE:

✓ = _____ /8p.

Extra materials: math worksheets

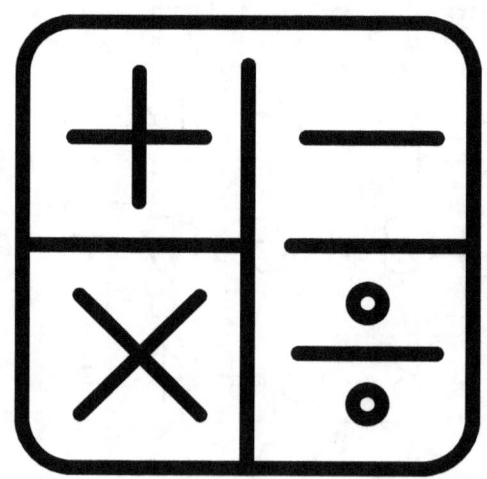

Build your own number bond.

1. 35 + 25 = _____

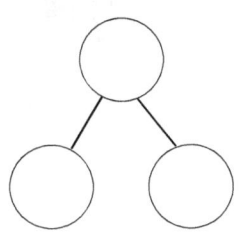

2. 61 + 28 = _____

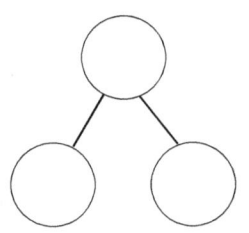

3. 64 + 34 = _____

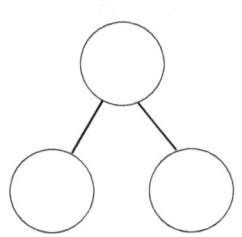

4. 25 + 8 = _____

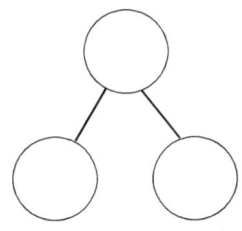

5. 88 + 12 = _____

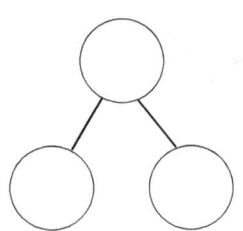

6. 10 + 39 = _____

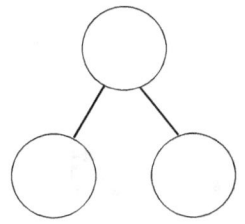

Do the following calculations.

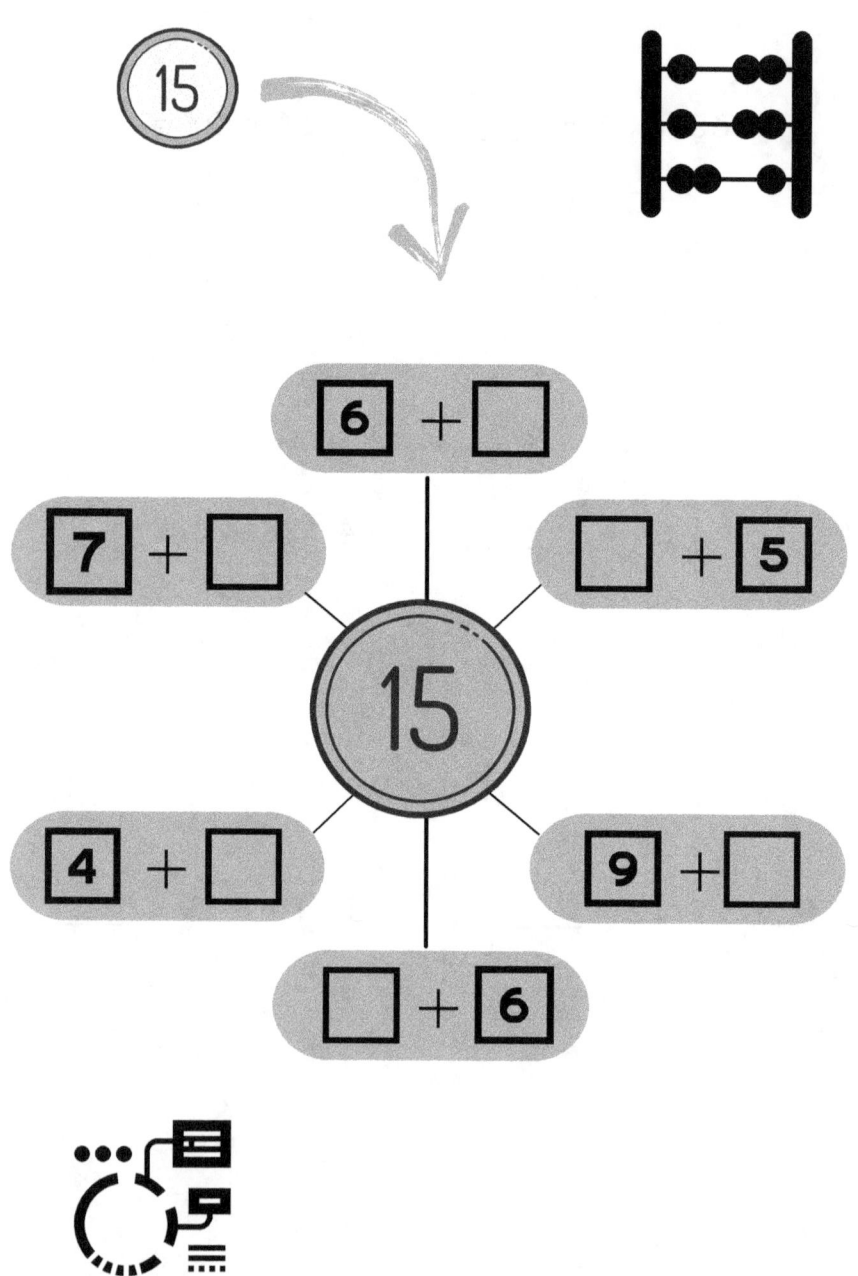

Multiplication.

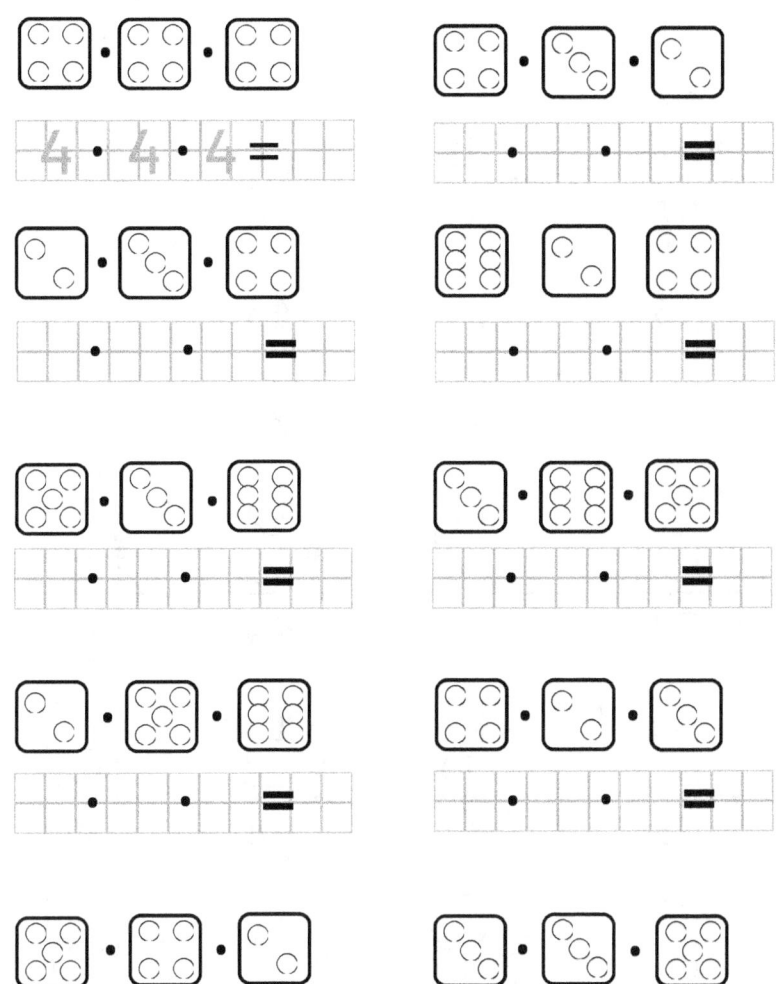

SCORE: ✓ = ____/10p.

Review: addition.

```
  26       □        7       □
+ □     + 15     + □     + 19
────    ────    ────    ────
  98      47      24      59


  13       □       43       □
+ □     + 18     + □     + 71
────    ────    ────    ────
  68      37      71      82


  22       □       32       □
+ □     +  4     + □     + 25
────    ────    ────    ────
  74      88      44      75


  62       □       16       □
+ □     + 14     + □     + 32
────    ────    ────    ────
  78      43      94      54


  17       □       16       □
+ □     + 43     + □     + 51
────    ────    ────    ────
  61      63      61      59
```

SCORE:  ✓ = ____/20p.

Review: subtraction.

```
   56        □        29         □
 -  □     - 32      -  □      - 52
 ----     ----      ----      ----
   25       23         8        12

   84        □        48         □
 -  □     - 36      -  □      - 71
 ----     ----      ----      ----
   54       19        26        29

   66        □        34         □
 -  □     - 18      -  □      - 35
 ----     ----      ----      ----
   56       60        24        55

   77        □        27         □
 -  □     - 10      -  □      - 26
 ----     ----      ----      ----
   57       39        10        20

   99        □        22         □
 -  □     - 44      -  □      - 11
 ----     ----      ----      ----
    9       44         8         0
```

SCORE: ✓ = _____/20p.

Addition.

100	97	110	85
+56	+97	+75	+105

125	69	150	70
+125	+101	+50	+90

40	130	56	80
+200	+60	+144	+125

44	80	67	123
+160	+95	+76	+65

87	58	185	74
+77	+113	+25	+99

SCORE:
 ✓ = _____/20p.

Subtraction.

```
 129      100      159      164
- 75     - 90    - 135    -  64
____     ____    _____    _____


 114     199      142      143
- 55    - 94     - 88    - 123
____    ____     ____    _____


 200     175      105      186
-125    - 13     - 43     - 99
____    ____     ____    _____


 100     161      116      169
- 19    - 52     - 11     - 80
____    ____     ____    _____


 109     135      181      199
- 64    - 34    - 111    - 122
____    ____    _____    _____
```

SCORE:

= _____ /20p.

Decode the operations. Write them down and calculate.

◇ △ ⬡ ⬠ ▭ □ ○ △ ⏢
23 35 12 51 10 19 31 27 15

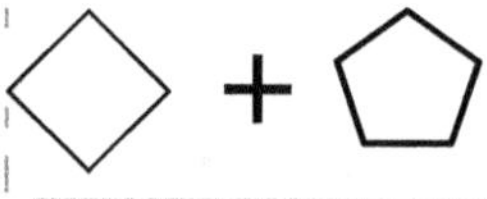

◇ + ⬠

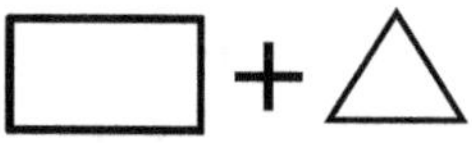

☐ + ☐ = ☐

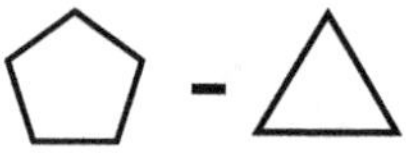

▭ + △

☐ + ☐ = ☐

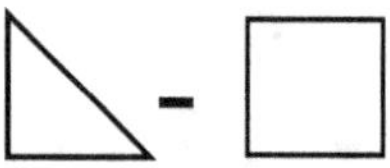

⬠ - △

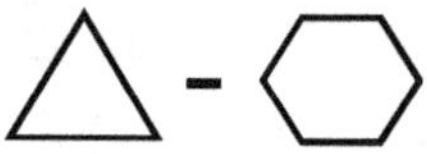

☐ - ☐ = ☐

⏢ + ○

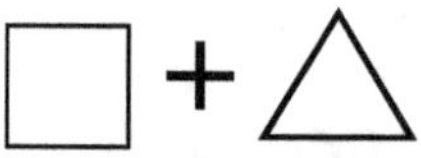

☐ + ☐ = ☐

△ - □

☐ - ☐ = ☐

△ - ⬡

☐ - ☐ = ☐

⏢ - ▭

☐ - ☐ = ☐

□ + △

☐ + ☐ = ☐

Find the missing number. Solve the equations below.

31 = ___ + 10   57 = ___ - 8

54 = ___ + 33   82 = ___ - 14

29 = ___ + 8   91 = ___ - 9

72 = ___ + 41   16 = ___ - 3

50 = ___ + 19   24 = ___ - 12

25 = ___ + 16   78 = ___ - 22

36 = ___ + 15   21 = ___ - 59

28 = ___ + 18   41 = ___ - 15

SCORE:

✓ = ___/16p.

Solve the equations below.

```
  10        6        4        6
-  5      - 5      + 5      + 3
____     ____     ____     ____

   7        3        6        1
-  3      - 3      + 1      + 7
____     ____     ____     ____

   8       10        3        3
-  1      - 6      + 7      + 3
____     ____     ____     ____

   5        3        8        1
-  2      - 2      + 1      + 5
____     ____     ____     ____

   8        5        4        8
-  6      - 4      + 5      + 2
____     ____     ____     ____
```

SCORE:  ✓ = ____/20p.

Solve the equations below.

```
  13         13          5         10
-  7       - 10        + 11       +10
____       ____        ____       ____


  17         15         12         11
-  5       -  9        + 6        + 9
____       ____        ____       ____


  11         18          6          8
-  1       - 14        +13        +10
____       ____        ____       ____


  14         17         17          6
-  3       - 11        + 3        + 9
____       ____        ____       ____


  18         12         15          8
- 12       -  5        + 2        + 8
____       ____        ____       ____
```

SCORE:

 ✓ = _____/20p.

Congratulations!

You have completed our math worksheets and are awarded this Diploma in recognition of your accomplishments!

EDUSPOT

Thank you for purchasing our book.
We appreciate it!

We hope this book meets your expectations.

In exchange for your trust, we would like to give you a free printable set of educational materials.

If you are interested, just let us know by e-mail, and we will send it to you within a few days.

Thank you once again, and please contact us to collect the gift. If you have any additional questions, please write to the following e-mail address:
office.eduspot@gmail.com

Kind regards
Eduspot team

Not sure what to choose next?

Take a tour of our bestsellers...

Recommended for you by Eduspot team!

www.ingramcontent.com/pod-product-compliance
Lightning Source LLC
Chambersburg PA
CBHW050325220526
45465CB00005B/2137